Rosen

NEUER
KAISER
VERLAG

INHALTSVERZEICHNIS

Seit Jahrtausenden ist die Faszination für Rosen ungebrochen. Sie werden seit über 2000 Jahren als Zierpflanzen gezüchtet und sind eine Bereicherung für jeden Garten.

Weltweit gibt es ungefähr 200 verschiedene Rosenarten und 30 000 verschiedene Sorten – davon finden Sie 29 in diesem Buch. Sie wurden mit einem Hauptaugenmerk auf Aussehen, Pflegeanspruch und Verfügbarkeit ausgewählt. Besonders robust und widerstandsfähig sind Rosen mit dem ADR-Siegel (Allgemeine Deutsche Rosenneuheitsprüfung). Sie sind ideal für Roseneinsteiger.

Eingeteilt sind sie in sechs Rosenklassen: Edelrosen, Beetrosen, Strauchrosen, Kletterrosen und Wildrosen.

Edelrosen sollten aufgrund ihres eher anspruchsvollen Charakters nur an optimalen Standorten gepflanzt werden.

Beetrosen sind normalerweise sehr widerstandsfähig gegen Krankheiten und frosthart.

Beet- und Edelrosen benötigen einen Rückschnitt im Frühjahr. Je kräftiger sie zurückgeschnitten werden, desto kräftiger ist auch der Neuaustrieb. Kürzen Sie sie auf 20–30 cm ein – also auf etwa ⅓ ihrer Wuchshöhe. Entfernen Sie dabei auch alte, schwache und abgestorbene Triebe.

Nach dem Winter Beet- und Edelrosen stark zurückschneiden.

Strauchrosen sind im Allgemeinen eher pflegeleicht und können Höhen von bis zu 3 m erreichen. Zu verdanken haben sie das ihrer großen Wuchskraft. Beim Schnitt ist zu beachten, dass einmal blühende Sorten im Gegensatz zu den öfter blühenden gleich nach der Blüte ausgelichtet werden sollten. Öfter blühende Strauchrosen hingegen werden wie Edel- und Beetrosen im Frühjahr kräftig zurückgeschnitten: Kürzen Sie sie auf die Hälfte der vorherigen Wuchshöhe ein.

Kletterrosen bestehen aus zwei Gruppen: **Climber** besitzen starre und steife Triebe sowie meist große Blüten, die öfter blühen. **Rambler** hingegen haben weiche, biegsame Triebe und eher kleine, meist einmal blühende Blüten. Während die Triebe von Climbern und einmal blühenden Ramblern zunächst gebogen und gebunden und erst nach mehreren Jahren geschnitten werden sollten, können öfter blühende Rambler moderat zurückgeschnitten werden.

Ein Vogelnest in einem Wildrosenstock mit Hagebutten.

Wildrosen sind besonders robust und pflegeleicht – vorausgesetzt, sie wurden an den richtigen Standort gepflanzt. Ihre einfachen Blüten sind im Sommer ideale Bienenweiden und ihre Hagebutten im Herbst eine willkommene Nahrung für Vögel. Für diese und andere heimische Tiere sind sie meist auch ein hervorragendes Schutzgehölz.

Auch wenn viele Rosen frosthart sind und die Winter hierzulande immer milder werden, ist ein **Winterschutz** nie verkehrt. Um die Pflanze vor Frost und die Triebe vor dem Austrocknen durch die Wintersonne zu schützen, empfiehlt sich das **Anhäufeln**. Darunter versteht man das Bedecken der Pflanze mit einem Erdhügel von 10–15 cm Höhe. Eine **Abdeckung** mit Reisig oder Vlies schützt die Rose zusätzlich. Im Frühjahr – nach dem letzten Frost und vor dem Rückschnitt – wird wieder abgehäufelt.

Gegen **Pilzkrankheiten** sind leider nicht alle Rosen resistent. Deshalb ist es wichtig, die beiden häufigsten zu kennen: **Sternrußtau** und **Echter Mehltau**. Bei einer Infektion sollten befallene Blätter und Pflanzenteile umgehend entfernt und gegebenenfalls ein geeignetes Fungizid verwendet werden. Auch eine gute Durchlüftung ist empfehlenswert.

Sternrußtau

Echter Mehltau

Bei der **Standortwahl** sollten Sie beachten, dass Rosen keinesfalls dort gepflanzt werden sollten, wo vorher schon andere Rosen standen. Falls es jedoch keine andere Möglichkeit gibt, tauschen Sie die Erde unbedingt großzügig aus. Weitere Anforderungen im Hinblick auf Boden und Licht finden Sie auf einen Blick bei jeder einzelnen Rose.

Die nostalgische Edelrose zählt wohl zu den beliebtesten Rosen der Welt. Benannt wurde sie nach Augusta Louise zu Stolberg-Stolberg, für die Matthias Claudius das Frühlingslied „Heute will ich fröhlich sein" schrieb.

Merkmale Augusta Luise gedeiht als buschiger und aufrecht wachsender Strauch, der eine Höhe von 130 cm und eine Breite von bis zu 50 cm erreichen kann. Die schalenförmigen Blüten, die von Juni bis Oktober in sanften bis schillernden Pastelltönen von Gold bis Pfirsich erscheinen, verströmen einen starken, fruchtig-süßen Duft. Die Triebe der Edelrose sind bestachelt und ihre dunkelgrünen, glänzenden Blätter harmonieren sehr gut mit den regenfesten und hitzeverträglichen Blüten.

Auf einen Blick

Züchter (Jahr)
Tantau (1999)

Wuchshöhe
70–130 cm

Blütezeit
Juni–Oktober; öfter blühend

Blütenfarbe
gold- bis pfirsichfarben

Wuchsform
aufrecht

Duft
stark; fruchtig-süß

Gesundheit
robust; normal gesund; regenfest; hitzeverträglich; frosthart

Standort
sonnig; guter, humoser Boden

Pflegeaufwand
mittel

Einsatzbereich
Beetbepflanzung; Vasenschnitt

Gestaltung Die Edelrose ist vor allem zur Beetbepflanzung geeignet. Neben niedrigen Stauden sind vor allem Lavendel und Salbei passende Begleiter. Auch als Schnittblume in der Vase macht Augusta Luise eine gute Figur.

Pflege und Schnitt Im Frühjahr vor dem Austrieb schwache Triebe herausschneiden. Starke und gesunde Triebe auf 20–30 cm einkürzen. Verwelktes regelmäßig entfernen. Düngen Sie die Pflanze nach der ersten Blüte.

Auf einen Blick

Züchter (Jahr)
Tantau (1988)

Wuchshöhe
120–150 cm

Blütezeit
Juni–Oktober; öfter blühend

Blütenfarbe
samtig dunkelrot

Wuchsform
aufrecht; buschig

Duft
mittelstark; frisch-würzig

Gesundheit
normal gesund; sonnenbeständig; winterhart

Standort
sonnig bis halbschattig; nährstoffreicher, durchlässiger Boden

Pflegeaufwand
mittel

Einsatzbereich
Beetbepflanzung; Topfhaltung; Vasenschnitt

Die Edelrose Barkarole gehört nicht ohne Grund zu den weltweit bekannten Spitzensorten: Ihre fast perfekten Blüten und ihr betörender Duft sind außergewöhnlich.

Merkmale Die Barkarole ist nicht nur aufgrund ihres starken, buschigen Wuchses mit einer Höhe von bis zu 150 cm und einer Breite von bis zu 80 cm ein Blickfang. Auch die dunkelroten Blüten, die sich im Juni aus den fast schwarz erscheinenden Knospen entwickeln, ragen durch ihre nahezu perfekte Form und ihren samtigen Effekt heraus. Ihre Blütezeit reicht bis in den Spätherbst hinein. Umgeben sind die Blüten von üppigem, dunkelgrünem Laub, das eine gute Blattgesundheit aufweist.

Gestaltung Vor allem in Gruppen bildet die Edelrose einen echten Hingucker im Garten. Dazu passend können Rosen in anderen Farben kombiniert werden. Durch ihre robusten Blüten ist die Barkarole auch hervorragend für den Vasenschnitt geeignet.

Pflege und Schnitt Gießen Sie regelmäßig und lassen Sie die Erde zwischenzeitlich trocknen. Schneiden Sie die Rose im Frühjahr vor dem Neuaustrieb auf 5–6 Triebe zurück und entfernen Sie verwelkte Blüten regelmäßig.

Die beliebte Edelrose Charisma des deutschen Züchters Noack bezaubert mit leuchtend magentaroten Blüten und wurde im Jahr 2012 mit dem ADR-Prädikat ausgzeichnet.

Merkmale Die Edelrose wächst buschig und gleichmäßig und kann eine Wuchshöhe von bis zu 130 cm erreichen. Die Blüten erscheinen von Juni bis Oktober in einem strahlenden, kühlen Rotton, der zwischen Magenta und Fuchsia liegt. Eingebettet sind diese in dunkelgrünem, leicht glänzendem Laub. Die schalenförmigen Blüten erreichen eine Größe von etwa 8–10 cm und duften stark. Neben ihrer reichen Blütenanzahl zeichnet sich Charisma vor allem durch ihre gute Blattgesundheit aus. Sie kann ganzjährig gepflanzt werden, sofern der Boden frostfrei ist.

Auf einen Blick

Züchter (Jahr)
Noack (2010); ADR-Rose 2012

Wuchshöhe
bis 130 cm

Blütezeit
Juni–Oktober; öfter blühend

Blütenfarbe
magentarot

Wuchsform
aufrecht; buschig

Duft
stark; fruchtig mit Rosennote

Gesundheit
normal gesund; sonnenbeständig; winterhart

Standort
sonnig; guter, humoser Boden

Pflegeaufwand
mittel

Einsatzbereich
Beetbepflanzung; Vasenschnitt

Gestaltung Die Rose kann sowohl an einem sonnigen Platz im Garten als auch in einem Kübel auf Terasse oder Balkon gepflanzt werden. Sie ist auch eine ideale Schnittblume.

Pflege und Schnitt Der Rückschnitt sollte im Frühjahr vor dem Neuaustrieb erfolgen. Gießen Sie die Rose regelmäßig, aber vermeiden Sie Staunässe. Im Zeitraum von März bis Mai düngen.

Auf einen Blick

Züchter (Jahr)
Meilland/Strobel (1945)

Wuchshöhe
80–120 cm

Blütezeit
Juni–Oktober; öfter blühend

Blütenfarbe
goldgelb mit rosa Rand

Wuchsform
sehr aufrecht; breitbuschig; verzweigt

Duft
angenehm, leicht

Gesundheit
sehr robust; normal gesund; regenfest; hitzeverträglich; winterhart

Standort
halbschattig; mind. 4–5 Sonnenstunden; humoser Boden

Pflegeaufwand
leicht

Einsatzbereich
Beetbepflanzung; Vasenschnitt

Gloria Dei, auch bekannt unter den Namen *Peace, Madame A. Meilland* oder *Gioia*, wurde kurz vor Ausbruch des Zweiten Weltkriegs in den Handel gebracht und gilt heute als meistverkaufte Rosensorte weltweit.

Merkmale Gloria Dei wächst aufrecht und buschig mit einer Wuchshöhe von bis zu 120 cm und strahlt einen angenehmen, leichten Duft aus. Sie zählt zu den robusten Pflanzen: Sie ist regenfest, winterhart und verträgt Hitze. Besonders auffällig sind die großen, gefüllten Blüten: Am äußeren Rand gehen sie von einem Goldton in einen Rosa- bis Rotton über. Auch gegen Schädlinge zeigt sie sich unanfällig. Sie ist daher ideal für Rosenneulinge geeignet.

Gestaltung Gloria Dei kann zur Einzel- und Gruppenpflanzung genutzt werden und ist ein idealer Begleiter für Blütenstauden. Ein besonderer Blickfang ist eine Kombination mit bläulich blühenden Pflanzen, wie Rittersporn oder auch Lavendel.

Pflege und Schnitt Vor dem Neuaustrieb im Frühjahr schwache und sich kreuzende Triebe herausschneiden. Die gesunden Triebe auf ca. 20–30 cm einkürzen. Düngen Sie Gloria Dei regelmäßig und häufeln Sie im Winter an.

Die purpurrote und äußerst gesunde Edelrose Gräfin Diana ist schwer zu züchten und daher sehr gefragt. Nicht umsonst wurde sie im Jahr 2017 von der Gesellschaft deutscher Rosenfreunde e. V. zur „Rose des Jahres" gekürt.

Merkmale Die Edelrose Gräfin Diana hat einen buschigen und aufrechten Wuchs und kann eine Höhe von bis zu 120 cm erreichen. Die dicht gefüllten, purpurroten Blüten erscheinen von Juni bis Oktober. Die duftstarke Rosensorte zeichnet sich vor allem durch ihr dunkelgrünes, gesundes Laub und ihre Wetterunempfindlichkeit aus. Sie ist winterhart, jedoch nur bedingt, weshalb ein Winterschutz ratsam ist. Sie ist wenig anfällig für Mehltau und Sternrußtau und regeneriert im Ernstfall aus eigener Kraft.

Auf einen Blick

Züchter (Jahr)
Kordes (2012); ADR-Rose 2014

Wuchshöhe
100–120 cm

Blütezeit
Juni–Oktober; öfter blühend

Blütenfarbe
purpurrot

Wuchsform
aufrecht; buschig

Duft
stark; intensive Rosennote

Gesundheit
normal gesund; winterhart

Standort
sonnig bis halbschattig; humoser, durchlässiger Boden

Pflegeaufwand
leicht

Einsatzbereich
Beetbepflanzung; Topfhaltung; Vasenschnitt

Gestaltung Gräfin Diana kann bei passendem Boden fast überall im Garten gepflanzt werden. Besonders in Kombination mit Flieder oder Rittersporn ist sie ein optisches Highlight.

Pflege und Schnitt Gießen Sie die Pflanze regelmäßig, lassen Sie die Erde jedoch zwischenzeitlich trocknen. Schneiden Sie die Rose im Frühjahr zurück. Häufeln Sie im Winter Erde an, um die Frosthärte zu verstärken.

Auf einen Blick

Züchter (Jahr)
Tantau (1996)

Wuchshöhe
60–100 cm

Blütezeit
Juni–Oktober; öfter blühend

Blütenfarbe
äußere Blütenblätter kirschrot, innere cremeweiß

Wuchsform
aufrecht; kräftig; gut verzweigt; schnell nachtreibend

Duft
mittelstark; angenehm

Gesundheit
robust; normal gesund; regenfest; hitzeverträglich; winterhart

Standort
für fast jeden Standort geeignet

Pflegeaufwand
mittel

Einsatzbereich
Beetbepflanzung; Topfhaltung; Vasenschnitt

Mit ihrer romantischen Ausstrahlung und dem faszinierenden Farbspiel zwischen kirschrot und cremeweiß zählt die Edelrose Nostalgie zu den interessantesten Rosensorten.

Merkmale Neben der einzigartigen Farbkomposition der Blüte zeichnet sich die Edelrose Nostalgie auch durch ihren kräftigen, buschigen Wuchs aus. Sie erreicht eine Höhe von bis zu 80 cm und wird bis zu 70 cm breit. Sie erblüht öfter im Jahr mit nur kleinen Blühpausen. Ihr dunkelgrünes und ledrig glänzendes Laub zeigt sich sehr widerstandsfähig gegen Sternrußtau und erholt sich im Ernstfall aus eigener Kraft. Nostalgie ist eine robuste und winterharte Sorte, die nicht zwingend einen Frostschutz braucht.

Gestaltung Nostalgie ist nicht nur eine ideale Kübelpflanze und Schnittblume, auch zur Beetbepflanzung bietet sie sich an. Besonders in der Gruppenpflanzung ist sie ein echter Blickfang. Planen Sie für ein Rosenbeet dieser Sorte 4–5 Pflanzen pro m² ein.

Pflege und Schnitt Die Rose im Frühjahr stark zurückschneiden und nach der ersten Blüte düngen. Entfernen Sie nach dem ersten Blütenflor die Blütenstände und wässern Sie die Rose zur Beschleunigung der Blütenbildung.

Die Beetrose aus der Züchtung von Meilland ist pflegeleicht und gilt als sehr robust. So ist es nicht verwunderlich, dass sie im Jahr 2003 zur Weltrose gekürt wurde.

Merkmale Bonica wächst breitbuschig und locker verzweigt. Sie kann eine Wuchshöhe von bis zu 80 cm und eine Breite von bis zu 60 cm erreichen. Ab Juni erscheinen ihre rosafarbenen Blüten, die einen dezenten Duft verströmen und deren Blütezeit bis in den Winter hineinreichen kann. Ihr mittel- bis dunkelgrünes, glänzendes Laub bildet einen schönen Kontrast zur Blütenfarbe und weist eine gute Resistenz gegen Mehltau und Sternrußtau auf. Aufgrund ihrer Winterhärte sowie ihrer Regen- und Salzfestigkeit kann sie auch in Höhenlagen gedeihen.

Auf einen Blick

Züchter (Jahr)
Meilland/Strobel (1982)

Wuchshöhe
60–80 cm

Blütezeit
Juni–September; öfter blühend

Blütenfarbe
rosa mit leichtem Lachston; später heller werdend

Wuchsform
breitbuschig; locker verzweigt

Duft
nicht duftend, manchmal zart

Gesundheit
robust; regenfest; hitzeverträglich; winterhart

Standort
halbschattig; mind. 4–5 Sonnenstunden; auch für weniger optimale Standorte geeignet

Pflegeaufwand
leicht

Einsatzbereich
Beetbepflanzung; Topfhaltung; Vasenschnitt

Gestaltung Bonica kann einzeln oder in Gruppen, als Bodendeckerrose oder Hecke gepflanzt und auch als Kübelpflanze verwendet werden. Die Kombination mit Frauenmantel oder Schafgarbe unterstreicht die Schönheit der Rose.

Pflege und Schnitt Gießen Sie regelmäßig und lassen Sie die Erde zwischenzeitlich trocknen. Sie kann ganzjährig gepflanzt und im Frühjahr stark zurückgeschnitten werden.

Auf einen Blick

Züchter (Jahr)
Harkness (1999)

Wuchshöhe
50–70 cm

Blütezeit
Juni–Oktober; dauerblühend

Blütenfarbe
goldgelb bis kupferorange

Wuchsform
breitbuschig; kräftig

Duft
leicht

Gesundheit
normal gesund; regenfest; hitzeverträglich; winterhart

Standort
sonnig bis halbschattig; humoser, nährstoffreicher Boden

Pflegeaufwand
mittel

Einsatzbereich
Beetbepflanzung; Topfhaltung; Vasenschnitt

Mit ihren goldgelben, gefüllten und becherförmigen Blüten hat Easy Going schon zahlreiche internationale Auszeichnungen erhalten.

Merkmale Die Beetrose wächst aufrecht und kräftig. Sie erreicht eine Höhe von bis zu 70 cm und erblüht von Juni bis Oktober fast ohne Blühpausen. Die goldgelben bis kupferorangen Blütenblätter sind locker angeordnet und machen Easy Going zu einer geeigneten Nährpflanze für Bienen und Hummeln. Der Blütenduft ist dennoch dezent. Das Laub erscheint dunkelgrün und ledrig glänzend. Neben ihrer Hitzeverträglichkeit zeichnet sich die Beetrose auch durch ihre Regenfestigkeit und Winterhärte aus.

Gestaltung Easy Going ist äußerst vielseitig verwendbar. Sie ist für die Bepflanzung von Beeten geeignet, in Gruppen oder einzeln und auch für Pflanzkübel. Farblich harmoniert die Beetrose besonders gut mit Salbei, Lavendel oder blauen Glockenblumen.

Pflege und Schnitt Im Frühjahr vor dem Austrieb, aber nach dem letzten groben Frost stark zurückschneiden. Schneiden Sie bei älteren Pflanzen ein bis drei stärkere Triebe von unten heraus, um den jungen Durchtrieb anzuregen.

Seit 1973 auf dem Markt zählt Friesia heute bereits als Klassiker unter den Beetrosen. Benannt ist sie nach der Heimat des Züchters Kordes – Friesland.

Merkmale Friesia wächst aufrecht, buschig sowie dicht verzweigt und ihre Wuchshöhe beträgt bis zu 70 cm. Von Juni bis zum ersten Frost erblühen ihre goldgelben Blüten, die einen Durchmesser von 5–10 cm erreichen und wetterbeständig sind. Besonders abends verströmen die Blüten ihren intensiven, lieblich-sinnlichen Duft. Die Beetrose gehört zu den robusten und pflegeleichten Sorten, ist aber anfällig für Blattkrankheiten wie Mehltau und Sternrußtau. Am besten gedeiht Friesia an einem sonnigen bis halbschattigen Standort in einem humosen Boden.

Auf einen Blick

Züchter (Jahr)
Kordes (1973)

Wuchshöhe
50–70 cm

Blütezeit
Juni–September; öfter blühend

Blütenfarbe
strahlend goldgelb

Wuchsform
aufrecht; buschig

Duft
lieblich

Gesundheit
recht gesund; anfällig für Blattkrankheiten; winterhart

Standort
sonnig bis halbschattig; humoser, nährstoffreicher Boden

Pflegeaufwand
leicht

Einsatzbereich
Beetbepflanzung

Gestaltung Friesia ist zur Einzel- und Gruppenpflanzung geeignet. Für ein Beet sollten nicht mehr als 5–6 Rosen pro m² gepflanzt werden. Eine Kombination mit Lavendel, Ziersalbei und Rittersporn wirkt besonders harmonisch.

Pflege und Schnitt Im Frühjahr sollte die Beetrose auf die Hälfte eingekürzt und verwelkte Blüten sollten regelmäßig entfernt werden. Setzen Sie zur Vorbeugung von Blattkrankheiten gerne Pflanzenstärkungsmittel ein.

Auf einen Blick

Züchter (Jahr)
Kordes (2002); ADR-Rose 2002

Wuchshöhe
70–110 cm

Blütezeit
Juni–September; öfter blühend

Blütenfarbe
orangerot bis pfirsischfarben

Wuchsform
aufrecht; breitbuschig

Duft
schwach

Gesundheit
sehr robust; hitzeverträglich; relativ frosthart

Standort
sonnig bis halbschattig; humoser Boden

Pflegeaufwand
leicht

Einsatzbereich
Beetbepflanzung; Topfhaltung

Diese Beetrose zählt zu den sogenannten Märchenrosen aus dem Hause Kordes. Wie die anderen Rosen dieser Kollektion zeichnet sie sich neben der nostalgischen Blütenform durch ihre Widerstandsfähigkeit aus.

Merkmale Die edelrosenartigen Blüten der Beetrose erscheinen von Juni bis September in leuchtenden Farben, die von orangerot bis pfirsischfarben reichen. Im Laufe der Zeit verändern sich die Farben beim Verblühen in Rosarot und Gelb. Ihr Wuchs ist aufrecht und buschig, wobei sie bis zu 70 cm breit wird. Gebrüder Grimm ist nicht nur winterhart und hitzeverträglich, sie ist auch nahezu resistent gegen Blattkrankheiten wie Mehltau und Sternrußtau.

Gestaltung Die Beetrose ist für Gruppen- und Einzelpflanzung geeignet. Aufgrund des changierenden Farbspiels bietet die Rose allein schon einen tollen Farbakzent. Sie lässt sich aber auch gut mit gelb blühenden Stauden oder auch Lavendel kombinieren.

Pflege und Schnitt Sorgen Sie für eine ausreichende Wasserversorgung, aber lassen Sie die Erde auch zwischendurch gerne trocknen. Im Frühjahr bis zu ⅔ zurückschneiden. Düngen Sie die Pflanze im Zeitraum von März bis Mai.

Wie die Beetrose Gebrüder Grimm gehört auch die Lions-Rose, die im Jahr 2002 mit dem ADR-Prädikat ausgezeichnet wurde, zu den Märchenrosen des Züchters Kordes.

Merkmale Die wuchsfreudige Rosensorte kann eine Höhe von bis zu 110 cm erreichen und wird etwa 50 cm breit. Von Juni bis Oktober erscheinen die cremeweißen Blüten, die in der Mitte leicht apricotfarben sind. Im Laufe des Blütenlebens verblassen sie zu Cremeweiß. Sie erreichen einen Durchmesser von bis zu 10 cm. Einen ansprechenden Kontrast zu den Blüten bildet das dunkelgrüne, dichte Laub. Neben ihrem traumhaften Äußeren besticht die Lions-Rose vor allem durch ihre Blattgesundheit und Robustheit. Sie bevorzugt einen sonnigen Standort mit humosem Boden.

Auf einen Blick

Züchter (Jahr)
Kordes (2002); ADR-Rose 2002

Wuchshöhe
90–110 cm

Blütezeit
Juni–Oktober; öfter blühend

Blütenfarbe
cremeweiß mit einem Hauch apricot in der Mitte

Wuchsform
aufrecht; breitbuschig

Duft
leicht, angenehm

Gesundheit
sehr gesund; hitzeverträglich; winterhart

Standort
sonnig; humoser Boden

Pflegeaufwand
leicht

Einsatzbereich
Beetbepflanzung; Topfhaltung

Gestaltung Die Rose kann nicht nur einzeln oder in Gruppen gepflanzt werden, sie ist auch als Kübelpflanze geeignet. Farblich harmoniert sie mit blau blühenden Pflanzen wie Lavendel oder Rittersporn.

Pflege und Schnitt
Lions-Rose kann ganzjährig bei frostfreiem Boden gepflanzt werden. Schneiden Sie die Rose im Frühjahr auf etwa die Hälfte zurück und gießen Sie sie mäßig.

Auf einen Blick

Züchter (Jahr)
Meilland/Strobel (1997)

Wuchshöhe
60–80 cm

Blütezeit
Mai–Oktober; öfter blühend

Blütenfarbe
rosa bis apricot

Wuchsform
aufrecht; stark; buschig

Duft
mittelstark; angenehm

Gesundheit
normal gesund; regenfest; hitzeverträglich; winterhart

Standort
sonnig bis halbschattig; humoser Boden

Pflegeaufwand
leicht

Einsatzbereich
Beetbepflanzung; Topfhaltung; Vasenschnitt

Die bezaubernd schöne Beetrose wurde nach der polnischen Chemikerin und Physikerin benannt. Wie ihre Namensgeberin ist die Rose Marie Curie sehr vielfältig.

Merkmale Die Beetrose zählt zu den öfter blühenden Rosensorten und hat eine bemerkenswert lange Blütezeit von einem halben Jahr. Die rosa- bis apricotfarbenen Blüten erreichen einen Durchmesser von bis zu 8 cm und sind hitzeverträglich. Die Beetrose wächst buschig und aufrecht, kann eine Wuchshöhe von bis zu 80 cm erreichen und wird bis zu 45 cm breit. Neben ihrem kräftigen Wuchs zeichnet sich Marie Curie durch ihre gute Gesundheit, ihre Robustheit und ihre Regenfestigkeit aus.

Gestaltung Besonders dekorativ ist eine Anpflanzung in Gruppen. Planen Sie pro m² 4–5 Pflanzen ein. Marie Curie kann auch als freiwachsende Hecke verwendet werden. Mit Waldrebe oder Lavendel als Begleitpflanze entstehen wundervolle Akzente.

Pflege und Schnitt Im Frühjahr gut zurückschneiden: Schneiden Sie die Rose pro Grundtrieb bis auf 3–4 Augen zurück, da sie intensiv neu austreibt. Die Beetrose regelmäßig gießen. Bei starkem Frost ist ein Winterschutz ratsam.

Angela hat einen ganz besonderen, nostalgisch anmutenden Charme. Sie ist nicht nur robust und hat eine gute Blattgesundheit, sie ist auch eine ideale Bienenweide.

Merkmale Angela wächst breitbuschig und gut verzweigt und kann ebenso breit wie hoch werden. Die ersten Blüten erscheinen im Juni und bis Anfang Oktober werden kontinuierlich neue entwickelt. Sie bestechen durch ihr faszinierendes Farbspiel: Das kräftige Altrosa mit Pinkschimmer, das zur Mitte hin heller wird, bildet einen ansprechenden Kontrast zu den gelben Staubgefäßen. Sie ist hitzeverträglich und winterhart, kann jedoch je nach Standort auch leicht anfällig für Sternrußtau oder Mehltau sein. Davon regeneriert sie aber aus eigener Kraft.

Auf einen Blick

Züchter (Jahr)
Kordes (1984); ADR-Rose 1982

Wuchshöhe
80–100 cm

Blütezeit
Juni–Oktober; öfter blühend

Blütenfarbe
kräftig altrosa mit Pinkschimmer, in der Mitte heller

Wuchsform
aufrecht; breitbuschig

Duft
nicht duftend

Gesundheit
robust; normal gesund; regenfest; hitzeverträglich; winterhart

Standort
sonnig; auch für weniger gute Standorte geeignet

Pflegeaufwand
leicht

Einsatzbereich
Beetbepflanzung; Topfhaltung; Vasenschnitt

Gestaltung Angela ist wunderbar für niedrige Hecken geeignet, ist aber auch im Kübel auf Balkon oder Terasse ein schöner Blickfang. Mit weißen Hortensien, Malven oder Rittersporn harmoniert sie farblich besonders gut.

Pflege und Schnitt Im Frühjahr zurückschneiden, um einen kräftigen Austrieb zu fördern. Verwelkte Blüten regelmäßig entfernen, um die Bildung neuer Blütenknospen zu fördern.

Auf einen Blick

Züchter (Jahr)
Tantau (2001)

Wuchshöhe
120–150 cm

Blütezeit
Juni–November; öfter blühend

Blütenfarbe
apricotfarben bis orange

Wuchsform
aufrecht; bogig überhängend

Duft
leicht

Gesundheit
normal gesund; regenfest; hitzeverträglich

Standort
sonnig; guter, humoser Boden

Pflegeaufwand
leicht

Einsatzbereich
Beetbepflanzung; Vasenschnitt

Im Jahr 2001 von Tantau auf den Markt gebracht, begeistert Belvedere mit ihrem reichen Flor, ihrer langen Blütezeit und ihrem nostalgischen und romantischen Charme.

Merkmale Belvedere wächst kräftig und aufrecht. Sie kann eine Wuchshöhe von bis zu 150 cm erreichen und entwickelt eine Breite von bis zu 120 cm. Von Juni bis zum ersten Frost bringt Belvedere immer wieder stark gefüllte Blüten hervor, die angenehm duften und apricotfarben bis orange leuchten – ein auffallender Kontrast zum dunkelgrünen Laub. Die Blüten sind lange haltbar und bleiben auch bei starker Sonnenbestrahlung farbstabil. Allein im Abblühen wechseln sie in einen zarten, hellen Roséton.

Gestaltung Belvedere ist ideal für Beete, Rabatten oder niedrige Blütenhecken. Durch ihren überhängenden Wuchs ist sie auch für Pergolen und Obelisken geeignet. In der Vase setzen die prächtigen, lange haltbaren Blüten einen tollen Akzent in der Wohnung.

Pflege und Schnitt Im Frühjahr bis zu ⅔ zurückschneiden und regelmäßig verwelkte Blüten entfernen. Empfehlenswert ist ein Pflanzenstärkungsmittel, um die Blütenfülle zu fördern. Im Winter ist ein Frostschutz ratsam.

Die Strauchrose, die im Jahr 1985 in den Handel gebracht wurde und auch unter dem Namen Pierre de Ronsard bekannt ist, wurde im Jahr 2006 zur Weltrose gekürt.

Merkmale Eden Rose ist äußerst kletterfreudig und erreicht eine Höhe von etwa 150 cm. Unter optimalen Bedingungen kann sie auch höher ranken, und zwar bis zu 200 cm. Ihre Breite beträgt bis zu 100 cm. Von Juni bis Oktober erscheinen ihre stark gefüllten Blüten, die einen cremeweißen Rand haben. In der Mitte geht das Weiß in Rosa über, das auch sehr kräftig werden kann. Die zweifarbigen Blüten werden aufgrund ihrer Haltbarkeit auch gerne für Brautsträuße verwendet. Eden Rose ist nicht anfällig für Pilzschäden und erholt sich im Ernstfall von alleine.

Auf einen Blick

Züchter (Jahr)
Meilland/Strobel (1985)

Wuchshöhe
100–150 cm

Blütezeit
Juni–Oktober; öfter blühend

Blütenfarbe
cremeweiß und rosa

Wuchsform
buschig; sparrig

Duft
leicht

Gesundheit
sehr robust; normal gesund; regenfest; nicht anfällig für Pilzkrankheiten

Standort
sonnig; nährstoffreicher Boden

Pflegeaufwand
mittel

Einsatzbereich
Beetbepflanzung; Topfhaltung; Vasenschnitt

Gestaltung Eden Rose wirkt als Solitär sehr ausdrucksstark, ihre Fernwirkung wird in der Gruppe noch verstärkt. Aufgrund ihrer Kletterfreudigkeit eignet sie sich auch für Rankgerüste und Obelisken.

Pflege und Schnitt Im Winter braucht Eden Rose einen Frostschutz. Decken Sie dafür die Pflanze mit Laub und Reisig ab. Im Frühjahr zurückschneiden und düngen. Auch nach der ersten Blüte düngen.

Auf einen Blick

Züchter (Jahr)
Tanne (1921)

Wuchshöhe
120–150 cm

Blütezeit
Juni–Oktober; remontierend

Blütenfarbe
karminrosa; weiß gestreift oder marmoriert

Wuchsform
straff aufrecht; buschig; so breit wie hoch

Duft
stark; intensive Fruchtnote

Gesundheit
robust; normal gesund; winterhart

Standort
sonnig bis halbschattig; guter, humoser Boden

Pflegeaufwand
mittel

Einsatzbereich
Beetbepflanzung; Topfhaltung; Vasenschnitt

Die historische Rose Ferdinand Pichard aus dem Jahr 1921 ist eine der schönsten Remontant-Rosen weltweit.

Merkmale Ferdinand Pichard wächst breitbuschig und aufrecht und kann ungefähr so breit wie hoch werden, und zwar bis zu 150 cm. Die großen, dicht gefüllten und fruchtig duftenden Blüten erscheinen im Juni. Da die Rose zu den reich nachblühenden Remontant-Rosen zählt, blüht sie bis in den Spätherbst hinein. Besonders auffällig ist ihre Farbe: Die Blüten haben eine weiße oder rosafarbene Grundfarbe, die in einem kräftigen Karminrosa gestreift und marmoriert ist. Die Strauchrose präferiert einen sonnigen Standort, gedeiht aber auch im Halbschatten.

Gestaltung Die Rose kann einzeln oder in Gruppen, als Hecke, im Beet und sogar im Kübel gepflanzt werden. Besonders attraktiv wirkt eine Kombination mit anderen Rosensorten in Weiß oder Rosatönen. Auch als Schnittblume in der Vase ist sie ein toller Blickfang.

Pflege und Schnitt Es empfiehlt sich ein kräftiger Rückschnitt im Frühjahr für eine reiche Blütenfülle. Düngen Sie im Frühjahr und nach der ersten Blüte. Regelmäßig gießen und die Erde zwischenzeitlich trocknen lassen.

Schneewittchen, auch *Iceberg* oder *Fée de Neiges* genannt, erhielt 1983 den Titel Weltrose und ist wohl die bekannteste reinweiß blühende Strauchrose weltweit.

Merkmale Von Juni bis September, teilweise bis zum ersten Frost, erblühen die reinweißen, prachtvollen Blüten, die in Büscheln wachsen. Sie verströmen einen lieblichen Rosenduft und können bei Regen rosafarbene Flecken erhalten. Die Rose wächst breit aufrecht und überhängend, wobei sie eine Höhe von bis zu 150 cm erreichen kann. Ihre Triebe sind nahezu stachellos und die Blätter mittelgrün und glänzend. Diese sind nur mäßig resistent gegen Pilzkrankheiten. Ein luftiger Standort mit viel Abstand zu anderen Pflanzen kann die Anfälligkeit jedoch verringern.

Auf einen Blick

Züchter (Jahr)
Kordes (1958)

Wuchshöhe
100–150 cm

Blütezeit
Juni–September; öfter blühend

Blütenfarbe
reinweiß

Wuchsform
aufrecht; breitbuschig; bogig überhängend

Duft
leicht; lieblich

Gesundheit
hitzeverträglich; regenfest; winterhart

Standort
sonnig bis halbschattig; luftig; humoser Boden

Pflegeaufwand
mittel

Einsatzbereich
Beetbepflanzung; Topfhaltung

Gestaltung Die Rose ist ideal als Solitär oder Gruppe, für Beete und Rabatten, als Heckenpflanze und für die Topfhaltung geeignet. Mit andersfarbigen Rosen harmoniert sie perfekt.

Pflege und Schnitt Bei längeren Trockenphasen regelmäßig gießen. Düngen Sie die Pflanze ausreichend. Schneiden Sie die Rose im Frühjahr um bis zu ⅔ zurück.

Auf einen Blick

Züchter (Jahr)
Kordes (1969); ADR-Rose 1974

Wuchshöhe
150–180 cm

Blütezeit
Mai/Juni–Oktober; öfter blühend

Blütenfarbe
leuchtend kupferorange; später apricotrosa

Wuchsform
aufrecht; kräftig; buschig

Duft
stark; süß

Gesundheit
robust; normal gesund; regenfest; hitzeverträglich; relativ winterhart

Standort
halbschattig; mind. 4–5 Sonnenstunden; humoser Boden

Pflegeaufwand
mittel

Einsatzbereich
Beetbepflanzung; Topfhaltung

Die Rose Westerland, deren Name eine Liebeserklärung an die Insel Sylt ist, wurde 1974 mit dem ADR-Siegel ausgezeichnet und ist ideal für Roseneinsteiger geeignet.

Merkmale Die schalenförmigen, halb gefüllten Blüten erscheinen von Juni bis Oktober und strahlen in einem leuchtenden Kupferorange. Beim Verblühen verändert sich die Farbe in einen Apricotrosaton. Die Blüten sind nicht nur ein Blickfang im Garten, die Rosensorte erweist sich auch als ideale Nährpflanze für Bienen. Im Herbst bildet Westerland zahlreiche Hagebutten aus. Die Rose ist ein umkomplizierter, schnell wachsender Strauch, der bis zu 180 cm groß wird und eine Breite von 80 cm erreicht.

Gestaltung Westerland eignet sich nicht nur zur Einzel- oder Gruppenpflanzung, sie kann auch als Hecke oder im Topf gepflanzt werden. Da sich die Rose kletterfreudig zeigt, ist sie auch für Obelisken geeignet. Zu ihr passt beispielsweise weißer Rittersporn.

Pflege und Schnitt Um einen reichen Blütenflor zu fördern, schneiden Sie die Rose im Frühjahr bis auf 5–6 Augen herunter und entfernen Sie restliche Hagebutten. Vor allem in Lagen mit rauem Klima ist ein Rückschnitt unentbehrlich.

Die Kletterrose Flammentanz, die 1952 das ADR-Siegel erhalten hat, ist eine der gesündesten roten Rosen und trägt ab ihrem zweiten Standjahr wunderschöne Blüten.

Merkmale Die Kletterrose wächst aufrecht und erreicht eine Höhe von bis zu 500 cm. Charakteristisch ist jedoch ihre Breite: Sie erreicht bis zu 200 cm. Im Juni erscheinen die feurig blutroten Blüten, die nur einmal erblühen. Dennoch haben sie eine lange Blütezeit, nämlich bis in den September. Im Herbst bilden sich intensiv rote Hagebutten. Flammentanz ist winterhart und regenfest. Allerdings ist sie anfällig für Blattkrankheiten, weshalb ein luftiger, freier Standort empfehlenswert ist, um sie davor zu schützen. Im Ernstfall erholt sie sich jedoch aus eigener Kraft.

Auf einen Blick

Züchter (Jahr)
Kordes (1955); ADR-Rose 1952

Wuchshöhe
400–500 cm

Blütezeit
Juni–September; einmal blühend

Blütenfarbe
feurig blutrot

Wuchsform
stark; aufrecht

Duft
nicht duftend

Gesundheit
sehr robust; regenfest; hitzeverträglich; winterhart

Standort
sonnig bis halbschattig; humoser Boden; auch raue Lagen

Pflegeaufwand
leicht

Einsatzbereich
Climber; Rosenbögen; Pergolen; Bodendecker

Gestaltung Flammentanz eignet sich z. B. für Bögen und Pergolen. Ohne Kletterhilfe kann sie als Bodendecker verwendet werden. Sie harmoniert besonders mit weißen, rosafarbenen oder gelben Kletterrosen.

Pflege und Schnitt
Die Rose liebt feuchte Böden, Staunässe verträgt sie jedoch nicht. Sie benötigt keinen Schnitt, altes Holz sollte aber regelmäßig entfernt werden. Einen Formschnitt sollten Sie nach der ersten Blüte durchführen.

Auf einen Blick

Züchter (Jahr)
Turbat (1916)

Wuchshöhe
200–300 cm

Blütezeit
Mai–September; öfter blühend

Blütenfarbe
apricot; später cremeweiß

Wuchsform
breitbuschig; überhängend

Duft
leicht; fruchtig

Gesundheit
robust; sehr gesund; hitzeverträglich; regenfest; winterhart

Standort
sonnig bis halbschattig; humoser Boden

Pflegeaufwand
leicht

Einsatzbereich
Rambler; Hecken; Rosenbögen; Topfhaltung

Die Rose Ghislaine de Féligonde wurde nach einer Frau benannt, die im Zweiten Weltkrieg ihren Mann gerettet haben soll, der verwundet zwischen den Fronten lag.

Merkmale Die Rose erreicht eine Wuchshöhe von bis zu 300 cm und kann bis zu 150 cm breit werden. Von Mai bis September ziert sie sich mit zahlreichen Blüten, die zunächst apricotfarben sind und zu Cremeweiß verblassen. Da Ghislaine zu den wenigen öfter blühenden Ramblern zählt, entsteht durch die Blüten in unterschiedlichen Blühstadien ein faszinierendes Farbspiel. Ghislaine ist für Anfänger geeignet, da sie recht pflegeleicht ist. Sie ist zwar anfällig für Pilzkrankheiten, erholt sich aber von alleine.

Gestaltung Ghislaine kann sowohl als Kletter- als auch als Strauchrose verwendet werden. Sie ist ideal als Rosenhecke geeignet oder auch zum Beranken von Rosenbögen und Pergolen. Bei entsprechender Topfgröße kann sie auch darin gepflanzt werden.

Pflege und Schnitt Die Rosensorte benötigt keinen Schnitt. Wenn sie aber zu groß wird, schneiden Sie lange Triebe zurück und mehrjährige ganz heraus. Entfernen Sie verwelkte Blüten zur Förderung der erneuten Blütenbildung.

Maria Lisa ist eine Hybride der Büschelrose, die 1925 von einem Augustinermönch gezüchtet wurde. Benannt wurde sie nach zwei Frauen, die in seinem Kloster arbeiteten.

Merkmale Der Rambler kann bis zu 500 cm hoch werden und blüht etwa von Juni bis August. Ihre rosaroten Blüten stellen eine ideale Bienenweide dar. Nach der Blüte bilden sich viele kleine, korallenrote Hagebutten an den langen, fast stachellosen Trieben. Blattkrankheiten wie Mehltau und Sternrußtau kommen nur sehr selten vor. Um diesen vorzubeugen, sollte die Rose luftig gepflanzt werden. Sie eignet sich daher nur mit Vorbehalt für Hauswände. Maria Lisa kann auch im Halbschatten gepflanzt werden, hat dann jedoch nicht so ein reiche Blüte wie in der Sonne.

Auf einen Blick

Züchter (Jahr)
Brümmer/Liebau (1925)

Wuchshöhe
300–500 cm

Blütezeit
Juni–August; einmal blühend

Blütenfarbe
rosarot

Wuchsform
breitbuschig; überhängend

Duft
nicht duftend

Gesundheit
robust; gesund; winterhart

Standort
sonnig; nährstoffreicher Boden

Pflegeaufwand
leicht

Einsatzbereich
Rambler; Rosenbögen

Gestaltung Aufgrund ihrer fast stachellosen Triebe eignet sich Maria Lisa sehr gut für Durchgänge, kann aber auch zur Berankung von Rosenbögen oder Pergolen verwendet werden. Wenn die Rose keine Kletterhilfe erhält, entwickelt sie sich zu einem Gebüsch.

Pflege und Schnitt Ein Rückschnitt im Frühjahr ist nicht notwendig, jedoch sollten Sie alte Zweige regelmäßig bis zum Boden zurückschneiden. Die Rose sollte immer mit ausreichend Wasser versorgt sein. Bei Blattkrankheiten die Pflanze unbedingt behandeln.

Auf einen Blick

Züchter (Jahr)
Somerset Nursery (1930)

Wuchshöhe
250–350 cm

Blütezeit
Juni–Oktober; öfter blühend

Blütenfarbe
perlmuttrosa

Wuchsform
buschig; überhängend; gut verzweigt

Duft
mittelstark; fruchtiger Apfelduft

Gesundheit
robust; regenfest; winterhart

Standort
sonnig bis halbschattig; humoser Boden

Pflegeaufwand
mittel

Einsatzbereich
Climber; Rankgerüste; Topfhaltung

Schon 1930 wurde New Dawn in der amerikanischen Gärtnerei Somerset Nursery gezüchtet. Die Kletterrose besticht durch ihre reiche Blütenpracht und Robustheit.

Merkmale New Dawn hat einen aufrechten und kräftigen, bogig überhängenden Wuchs. Sie wird bis zu 350 cm hoch und bis zu 200 cm breit, sogar teilweise an ungünstigen Standorten. Von Juni bis Oktober erblühen ihre perlmuttrosafarbenen Blüten, die in Büscheln mit jeweils 10 Exemplaren stehen und einen intensiven Apfelduft verströmen. Die Kletterrose ist kaum anfällig für Pilzkrankheiten, aber nicht dagegen resistent. Zur Vorbeugung sollte die Rose an einen luftigen Standort gepflanzt werden.

Gestaltung Der Climber kann für Wände und Rankgerüste aller Art verwendet werden und wirkt auch im Kübel sehr ansprechend. New Dawn ist hauptsächlich als Solitär geeignet, beim Pflanzen einer Gruppe sollte ein Abstand von 1 m eingehalten werden.

Pflege und Schnitt Ein Rückschnitt im Frühjahr ist nicht zwingend nötig. Entfernen Sie abgestorbene Zweige und verwelkte Blüten. Gegen Mehltaubefall empfiehlt sich vorbeugend ein Pflanzenstärkungsmittel wie Netzschwefel.

Penny Lane ist ein Abkömmling der Rose New Dawn und nach dem Lied der Beatles benannt, das wiederum der gleichnamigen Straße in Liverpool gewidmet wurde.

Merkmale Die Rosensorte zeichnet sich durch ihren schnellen Wuchs aus und kann eine stattliche Höhe von bis zu 450 cm und eine Breite von bis zu 250 cm erreichen. In der Blütezeit von Juni bis September erscheinen die edelrosenartigen, champagner- bis zart apricotfarbenen Blüten. Sie erreichen einen Durchmesser von bis zu 12 cm und setzen sich gut vom sattgrünen Laub ab. Ihr Duft wird besonders an sonnigen Standorten intensiv wahrnehmbar. Penny Lane hat eine gute Blattgesundheit und ist sowohl hitzeverträglich als auch regenfest.

Auf einen Blick

Züchter (Jahr)
Harkness (1998)

Wuchshöhe
350–450 cm

Blütezeit
Juni–September; öfter blühend

Blütenfarbe
champagner bis zart apricot

Wuchsform
aufrecht klimmend; buschig

Duft
leicht

Gesundheit
robust; normal gesund; hitzeverträglich; regenfest

Standort
sonnig bis halbschattig; humoser Boden

Pflegeaufwand
leicht

Einsatzbereich
Climber; Vasenschnitt; Rosenbögen

Gestaltung Der Climber ist für Fassaden, Rankgerüste, Pergolen und Rosenbögen geeignet und kann auch als Sichtschutz verwendet werden. Sie harmoniert mit violett blühenden Pflanzen wie Lavendel.

Pflege und Schnitt Im Frühjahr abgestorbene oder zu dicht stehende Zweige ausschneiden. Seitentriebe können auf ca. 10 cm eingekürzt werden. Verwelkte Blüten regelmäßig entfernen. Düngen Sie die Rose im Frühjahr und nach der ersten Blüte.

Auf einen Blick

Züchter (Jahr)
Schmidt (1909)

Wuchshöhe
350–500 cm

Blütezeit
Juni–Juli; einmal blühend

Blütenfarbe
purpurviolett mit weißem Auge

Wuchsform
breit; aufrecht kletternd

Duft
leicht; fruchtig

Gesundheit
robust; sehr gesund; winterhart

Standort
sonnig bis halbschattig; mind. 4–5 Sonnenstunden; nährstoffreicher Boden

Pflegeaufwand
leicht

Einsatzbereich
Rambler; Rosenbögen; Pergolen; Hauswand

Veilchenblau überzeugt Rosenliebhaber nicht nur mit ihren nahezu stachellosen Trieben – ihre üppige Blütenpracht und der zarte Duft verschönern den Sommer.

Merkmale Der Rambler blüht einmal im Jahr, in der Zeit von Juni bis Juli. Die schalenförmigen Blüten präsentieren sich in einem tiefen purpurviolett mit weißem Auge und gelb leuchtenden Staubgefäßen und verströmen einen fruchtigen Duft. Das mittelgrüne, gesunde Laub wird nur selten von Mehltau befallen, hauptsächlich an trockenen Standorten. Während der Blütezeit ist Veilchenblau eine sehr gute Nährpflanze für Bienen, im Herbst bildet sie zahlreiche Hagebutten, an denen sich Vögel erfreuen.

Gestaltung Aufgrund ihrer zu erwartenden Höhe und Breite benötigt Veilchenblau eine Alleinlage. Auch eine Kletterhilfe ist notwendig, um die Rose zu unterstützen, z. B. in Form einer Hauswand, eines Zaunes, einer Pergola oder eines größeren Bogens.

Pflege und Schnitt Ein Rückschnitt ist nicht zwingend notwendig und dient nur der Form. Entfernen Sie tote und schwache Triebe. An heißen Tagen spät abends oder früh morgens wässern, aber unbedingt Staunässe vermeiden.

Auf einen Blick

Herkunft
Europa

Wuchshöhe
100–150 cm

Blütezeit
Mai–Juni; einmal blühend

Blütenfarbe
weiß bis gelblich

Wuchsform
aufrecht; buschig; breit

Duft
mittelstark; Wildrosenduft

Gesundheit
hitzeverträglich; frosthart; winterhart; windfest

Standort
sonnig; sandiger Boden

Pflegeaufwand
leicht

Einsatzbereich
Hecke; Böschungen; Naturgarten

Die Bibernellrose findet man sowohl auf Nordseeinseln zwischen den Dünen als auch in Kalkgebirgen in Schottland, weshalb sie auch Dünenrose genannt wird.

Merkmale Die Bibernellrose wächst buschig und breit und erreicht eine Höhe von bis zu 150 cm. Aufgrund ihrer kleinen Blätter wirkt sie jedoch sehr zierlich. Ihre kurze Blühzeit beginnt im Mai, wenn eine Vielzahl an cremeweißen bis gelblichen Blüten erscheint. Nach der Blüte entwickeln sich die flachkugeligen, rot- bis schwarzbraunen Hagebutten, die Vögeln als Winternahrung dienen. Die Rose benötigt einen sonnigen Standort, stellt an den Boden jedoch kaum Ansprüche, außer dass er durchlässig sein sollte.

Gestaltung Die Bibernellrose eignet sich hervorragend als undurchdringliche Blütenhecke und Sichtschutz. Auch für Böschungsbefestigungen kann sie eingesetzt werden. Aufgrund der unterirdischen Ausläufer ist eine Wurzelsperre sinnvoll.

Pflege und Schnitt Die Wildrose benötigt keinen Schnitt. Entfernen Sie abgestorbene Äste und lichten Sie alle paar Jahre ältere Triebe aus. Wird der Strauch zu breit, können Sie ihn am besten nach der Blüte einkürzen.

Die Büschelrose oder auch Vielblütige Rose stammt ursprünglich aus Ostasien, ist inzwischen aber auch hierzulande verbreitet. Man findet sie z. B. häufig in Parks.

Merkmale Die Büschelrose hat einen aufrechten, breitbuschigen Wuchs, wobei sie bis zu 300 cm hoch und 250 cm breit werden kann. Im Juni erscheinen die zahlreichen weißen Blüten, die einen intensiven Honigduft verströmen. Während Bienen sich im Sommer am Blütenflor erfreuen, finden Vögel Schutz im Gehölz und Nahrung in den zahlreichen Hagebutten, die sich nach der Blüte bilden. Sie sind etwa erbsengroß und orangefarben bis rot. Die Rose gedeiht am besten in einem duchlässigen, sandigen bis lehmigen Boden und bevorzugt sonnige Standorte.

ROSA MULTIFLORA | BÜSCHELROSE, VIELBLÜTIGE ROSE

Auf einen Blick

Herkunft
Ostasien

Wuchshöhe
200–300 cm

Blütezeit
Juni–Juli; einmal blühend

Blütenfarbe
weiß

Wuchsform
aufrecht; breitbuschig; überhängend

Duft
stark; intensive Honignote

Gesundheit
robust; gesund; winterhart

Standort
sonnig bis halbschattig; sandiger bis lehmiger Boden

Pflegeaufwand
leicht

Einsatzbereich
Hecke; Naturgarten

Gestaltung Die Büschelrose eignet sich als Solitär, kann aber auch in Gruppen gepflanzt werden. Wegen ihres dichten Wuchses kann sie auch als freiwachsende Hecke verwendet werden. Dann bietet sie einen idealen Sichtschutz.

Pflege und Schnitt Im Frühjahr, vor dem Ansetzen der Knospen, abgestorbene Triebe abschneiden und die Rose ein wenig auslichten. Nach der ersten Blüte verwelkte Blüten entfernen. In längeren Trockenphasen empfiehlt es sich, zwischendurch zu wässern.

Auf einen Blick

Herkunft
Mittelchina

Wuchshöhe
150–250 cm

Blütezeit
April–Mai; einmal blühend

Blütenfarbe
goldgelb

Wuchsform
aufrecht; breitbuschig

Duft
nicht duftend

Gesundheit
recht robust; sehr gesund; nicht immer winterhart

Standort
sonnig bis halbschattig; kiesiger bis lehmiger Boden

Pflegeaufwand
leicht

Einsatzbereich
Beetbepflanzung; Hecke; Naturgarten

Die Chinesische Goldrose wurde 1899 vom Engländer Father Hugh Scallan in China entdeckt, von wo aus sie schließlich als Samensendung nach England gelangte.

Merkmale Die Goldrose wächst aufrecht und breitbuschig und zählt zu den Strauchrosen. Sie kann sowohl in der Höhe als auch in der Breite bis zu 250 cm erreichen, was jedoch bis zu 5 Jahre dauern kann. Die Wildrose erblüht einmal und in ihrer Blütezeit von April bis Mai präsentiert sie ihre zahlreichen goldgelben Blüten. Diese sind eine ideale Bienenweide. Nach der Blüte bildet die Rose dunkel- bis schwarzrote Hagebutten aus, die die Pflanze zu einem beliebten Nährgehölz für Vögel machen.

Gestaltung Die Goldrose kann in Beeten sowohl als Solitär als auch in der Gruppe gepflanzt werden. Sie eignet sich hervorragend als Heckenplanze. Als ideales Bienen- und Vogelnährgehölz bereichert sie außerdem jeden naturnah gestalteten Garten.

Pflege und Schnitt Ein regelmäßiger Schnitt ist bei dieser Rose nicht nötig. Im Frühjahr können abgestorbene Triebe abgeschnitten werden. Wässern Sie die Pflanze in längeren Trockenphasen. Bei starkem Frost ist ein Winterschutz ratsam.

Die Hechtrose, auch Rotblättrige Rose genannt, wächst in ihrem natürlichen Verbreitungsgebiet eher in höheren Lagen, wie beispielsweiße den Alpen oder den Pyrenäen.

Merkmale Die Wildrose wächst buschig und aufrecht und kann bis zu 300 cm hoch werden. Im Juni erscheinen die einfachen Blüten. Sie sind rosarot und werden zur Mitte hin heller. Mit ihren goldgelben Staubgefäßen sind sie ein Nahrungslieferant für Bienen und andere Insekten. Etwa ab August bildet die Rose große, kugelförmige, dunkelrote Hagebutten aus. Ihr Laub ist besonders dekorativ: Es ist bläulich-grün und pupurfarben überlaufen. Die Hechtrose bevorzugt einen sonnigen Standort, gedeiht jedoch auch im Schatten – dann jedoch eher blütenarm.

Auf einen Blick

Herkunft
Mitteleuropa

Wuchshöhe
150–300 cm

Blütezeit
Juni–Juli; einmal blühend

Blütenfarbe
rosarot mit weißer Mitte

Wuchsform
aufrecht; buschig; überhängend

Duft
nicht duftend

Gesundheit
robust; gesund; hitzeverträglich; regenfest; winterhart

Standort
sonnig; humoser Boden

Pflegeaufwand
leicht

Einsatzbereich
Hecke; Naturgarten

Gestaltung Als ideale Bienenweide und attraktives Vogelschutz- und Vogelnährgehölz ist die Hechtrose eine Bereicherung für jeden naturnahen Garten. Auch als Rosenhecke ist sie sehr gut geeignet und harmoniert mit silberlaubigen Pflanzen.

Pflege und Schnitt Die Hechtrose sollte, wie die meisten Rosen, am besten im Herbst gepflanzt werden. Sie benötigt keinen regelmäßigen Schnitt, außer sie wurde zu groß und soll gestutzt werden. Alte, abgestorbene Triebe können Sie an der Basis entfernen.

Die Weinrose, auch Schottische Zaunrose, besitzt so viele positive Eigenschaften, dass sie ab dem 19. Jahrhundert für viele Kreuzungen in der Rosenzucht eingesetzt wurde.

Merkmale Die Rose wächst sehr dicht und wird bis zu 250 cm breit. Sie ist die einzige Wildrose, bei der auch das Laub einen Duft verströmt: Vor allem im Frühsommer und nach Regenschauern duftet es intensiv nach Wein und Äpfeln. Im Juni erscheinen ihre rosafarbenen Blüten mit gelben Staubgefäßen und im Spätsommer bildet sie länglich-ovale, scharlachrote Hagebutten aus, die Vögeln und Igeln als Nahrung dienen. Sie ist somit nicht nur eine ausgesprochen bienenfreundliche Pflanze, sondern auch ein attraktives Nist- und Nährgehölz für viele heimische Tiere.

Auf einen Blick

Herkunft
Europa/Westasien

Wuchshöhe
250–350 cm

Blütezeit
Juni–Juli; einmal blühend

Blütenfarbe
hellrosa

Wuchsform
aufrecht; dicht; ausladend

Duft
intensiver Apfel- und Weinduft

Gesundheit
robust; gesund; hitzeverträglich; winterhart

Standort
sonnig bis halbschattig; kiesiger bis toniger Boden

Pflegeaufwand
leicht

Einsatzbereich
Hecke; Naturgarten

Gestaltung Die Weinrose eignet sich ideal als undurchdringliche Hecke zur Grundstücksabgrenzung und ist ein hervorragendes Vogelschutz- und Bienennährgehölz. Sie harmoniert mit Schlehen oder Liguster.

Pflege und Schnitt Die Rose braucht keine besondere Pflege. Einen Schnitt benötigt sie nicht, kann aber bei zu üppigem Wachstum im zeitigen Frühjahr verjüngt werden: Schneiden Sie dazu alle Triebe bis zur Basis zurück. Die Weinrose treibt kräftig nach.

Bildnachweis:
shutterstock: Aksiniya Art 33, 43; Aleksandra Khomchenko 31; Alesikka 50; alybaba 39; Anastacia - azzzya 6, 8, 10, 12, 14, 16, 18, 20, 22, 24, 26, 28, 30, 32, 34, 36, 38, 40, 42, 44, 46, 48, 50, 52, 54, 56, 58, 60, 62; Anastasia Todoruk 58; Andre Muller 15; Andrey Abryutin 29; Andy Waugh 22; barmalini 17; Besklubova Liubov 45; Carmen Hauser 59; Cornflakes 30, 32, 51; COULANGES 52; FabrikaSimf 2; Galina Bolshakova 69 6, 19; Greens and Blues 53; Hannah Volckaert 63; Helen Warwick 37; Hivaka 54–55; imageBROKER.com 40; Innakote U2, U3; Iva Vagnerova 60–61; JeannieR 29; JHVEPhoto 20; John R Martin 11; Katerina Shi 28; Keikona 35; Kristine Rad 33; Lertwit Sasipreyajun 5; LesiChkalll27 8–9; Manfred Ruckszio 5, 47; Maren Winter 45; Marie Charouzova 13; Marina Rose Cover, 7, 14–15, 18–19, 23–27; Mr. Meijer 62; Nadezhda Mikhalitskaia 57; Nadya So 39; Nahhana 49; Natalia Greeske 18; Nataliia Zhekova 21; Nice_she 13; Nijole Vaic 37; nissia 46, 47; nortivision 4; OLAYOLA 19; Ole Schoener 61; Olga Vasilek 16; photoPOU 43; PhotoSGH 44; Poirot55 41; PosiNote 42; prambuwesas 12; Printemps PhotoArt 38; Przemyslaw Muszynski 57; ranmaru 34; Sergey V Kalyakin 10–11, 31, 49; Sonat Ece Kaya 17; Stephanie Jud 59; Tasha-photo 3; Thijs de Graaf 48; Vahan Abrahamyan 63; Vronivis 35; weha 56; Wirestock Creators 41; Zhukovskaya Elena 36

Genehmigte Lizenzausgabe
NEUER KAISER VERLAG GmbH
Industriestraße 19
64407 Fränkisch-Crumbach 2022
www.neuer-kaiser-verlag.de

Idee und Projektleitung: Sonja Sammüller
Text, Layout, Satz und Umschlaggestaltung:
design cat GmbH

ISBN 978-3-8468-0508-4

Druck und Bindung in der EU
POLYGRAF PRINT spol. s r. o.
Čapajevova 44
08001 Prešov, Slowakei
www.polygrafprint.sk